吐司、披薩變變變

超簡單的創意點心大集合

夢幻料理長 Ellson & 新手媽咪 Grace 著

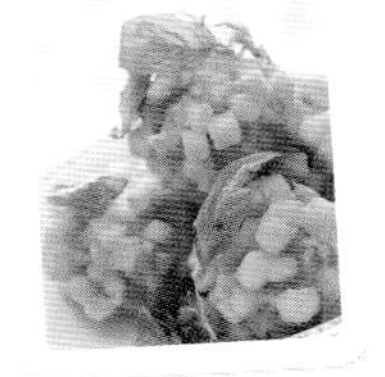

前言

吐司&披薩的拼圖遊戲

吐司的平易近人，披薩的華麗豐富，可說在現代人的生活中，時時都帶來味蕾的滿足，串起餐間感情的交流。這兩種普遍且製作起來很方便的食材，都很合乎現代人講求簡單、快速料理的原則。

市售吐司依製作原料而有多樣化的顏色、口味，如奶香濃郁的白吐司、健康的全麥吐司、豆粒纍纍的紅豆吐司、淺黃的南瓜吐司、嫩綠的抹茶吐司、香甜的奶酥吐司、鑲著顆顆葡萄乾的吐司，以及酷黑的墨魚吐司……，許多麵包店都有自己推出的特別吐司，再加上厚度的不同，也有薄片和厚片吐司，更增添製作上的選擇和樂趣。

披薩的口味變化，當然也不只於市面上大同小異的夏威夷、青椒牛肉等口味，你可曾想過，把向來西洋味十足的披薩，變成台灣人喜愛的台式風味？本書就有多道美味好吃的PIZZA新創意，等著你來嘗鮮喔！

製作吐司和披薩最有趣的地方，莫過於和小朋友一起玩了，可以把吐司或披薩餅皮切割成特殊的形狀，或以市售模型器壓出卡通、動物等可愛造型，再準備色彩鮮豔的抹醬和蔬果材料，和小朋友一起玩「拼圖遊戲」，更能增添親子同歡的樂趣。另外，這本書裡，也提供有趣的立體造型、遮色板遊戲、烤箱黑白變魔術等特殊的製作玩法，既簡單又有創意。自己製作吐司、披薩的好處不僅能凝聚親子感情，又能吃進真材實料，更具營養價值，真是一舉多得。

希望這本書能帶給吐司、披薩同好更多的創意想像，也讓親子間在DIY的過程中，感情變得更加親密歡樂。

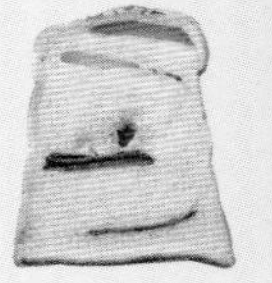

目錄

小朋友的簡單吐司&披薩

美眉的最愛吐司＆披薩

招待親友的吐司&披薩

閱讀本書食譜前

1. 本書中食材的量1小匙＝5c.c.或5克，1/2小匙＝2.5c.c.或2.5克，1大匙＝15 c.c.或15克。
2. 為求視覺上的美觀，食譜照片中食物量可能稍多，讀者製作時仍以食譜中寫的材料量為主。
3. 本書多道吐司的食譜中，若未註明使用厚片吐司，則材料為一般薄片吐司。
4. 本書多道食譜，如手工金莎巧克力為改良做法，讀者可親自嘗試。

方形薄片白吐司

方形厚片白吐司

方形薄片全麥吐司

方形薄片墨魚吐司

圓頂葡萄乾吐司

無論是傳統或百貨公司裡的麵包店，你只要走進一瞧，絕對可以看見許多五顏六色、各種口味的吐司，他們看起來都白白胖胖，模樣可愛，忍不住想全部買回家好好大吃一頓。這些美味的吐司營養夠又吃得飽，是大人小孩的最佳正餐或點心，你知道市面上常可以看見哪些吐司嗎？

方形薄片白吐司：正方形的薄片白吐司是最常見到的，除了直接吃，常搭配果醬、奶油、美乃滋和肉醬等兩片夾著吃。

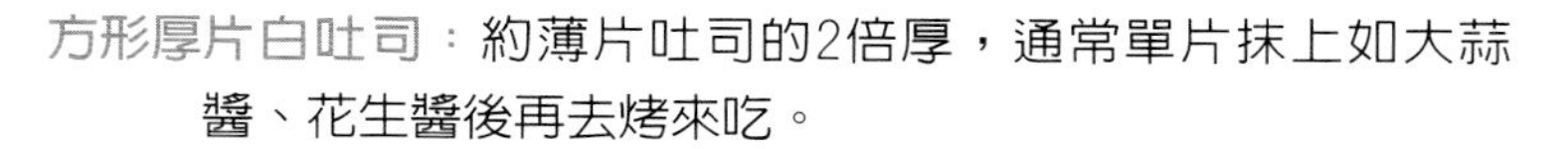

方形厚片白吐司：約薄片吐司的2倍厚，通常單片抹上如大蒜醬、花生醬後再去烤來吃。

方形薄片全麥吐司：麵糰中加入了全麥粉製成，是優質的膳食纖維食物，搭配鹹味餡料最可口。

方形薄片墨魚吐司：麵糰中加入了黑色的墨魚汁製成，口味特別，搭配鹹味餡料最美味。

圓頂葡萄乾吐司：麵糰中加入了小朋友最愛的葡萄乾製成，單吃就很好吃。

芋頭吐司：加入了芋頭泥製作而成，不需塗抹任何醬料，直接吃最棒。

抹茶紅豆吐司：加入了抹茶粉或綠茶粉，以及紅豆製成，吃膩了白吐司可以直接來一片。

起司火腿吐司：加入了起司和火腿製成的厚片吐司，直接吃或烤過都很好吃。

豆沙吐司：加入了有濃濃香甜味的紅豆沙製成，是正餐外最佳營養點心。

*感謝景美泉利麵包店提供好吃又多樣的吐司！

芋頭吐司

抹茶紅豆吐司

起司火腿吐司

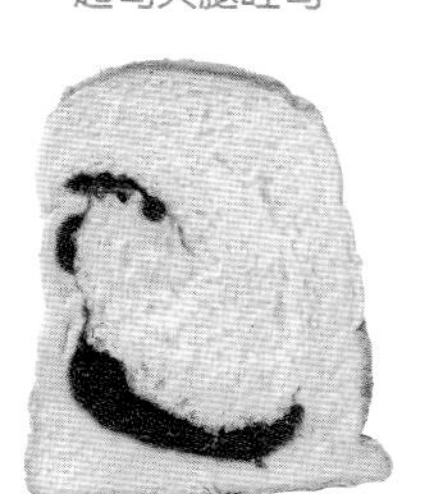
豆沙吐司

簡單易備的披薩餅皮

熱騰騰、散發食材香氣的披薩絕對是小朋友的最愛啦！披薩難不難做呢？好像要準備很多材料，光個披薩餅皮就不知道該如何選擇，其實，餡料可依個人喜好決定，而餅皮，只要能活用以下這4種市售成品或半成品，就能輕鬆做披薩。

方形厚片白吐司：最容易買到的材料，只要在吐司上放自己喜歡的餡料，撒上起司絲，送入烤箱就能烤出美味的披薩，是超級簡單的披薩製作法。

市售披薩餅皮：一般超市就買得到，多為圓形片，常見的是6吋大小，只要將醬料、餡料直接塗抹在餅皮上再以烤箱烤熱，一會就能吃到美味成品。

市售墨西哥餅皮：一般超市就買得到，多為圓形的薄片，常見的是6吋大小，只要將餡料放在餅皮上，再送入烤箱裡烤即可。墨西哥餅皮還多用在製作法士達、軟式塔可餅或肉桂脆片。

自製披薩餅皮：你也可以自己製作餅皮，只要將500克中筋麵粉、1顆蛋、少許胡椒鹽、1大匙乾發酵粉、7小匙橄欖油和220c.c.的水充分混合拌勻，揉至光滑並發酵1小時，然後再揉至到氣跑出來，擀成圓形片即可完成。

輕輕鬆鬆切吐司

吐司除了可以整片塗抹果醬、餡料來吃外，更可以任意變化切出多種不同形狀，做成不同點心，以下幾種簡單的切法，是你在做各式吐司點心前必須先學會的。

切邊：沿著吐司四周將吐司邊切掉。

切條：等距離將吐司直切成數條。

切小方塊：先直切數刀，再橫切數刀。

切大方塊：先從中間直切一刀，吐司轉個方向，再從中間直切一刀。

切大三角形：從對角線切開成2個三角形。

切小三角形：先切2個大三角形，再沿另一邊對角線切開。

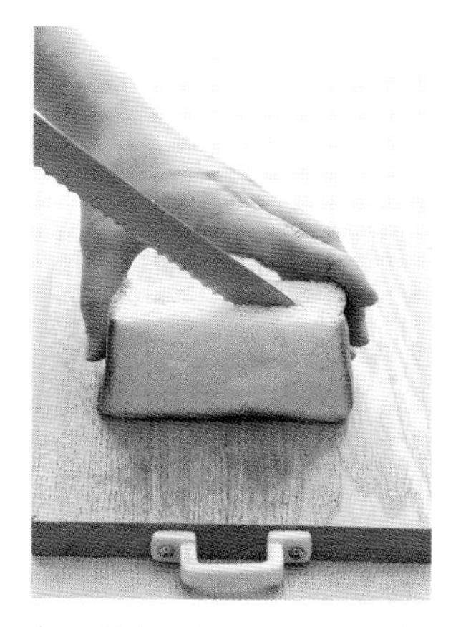

切口袋狀：厚片吐司從中間切開成2個長方形，再各從切口面進刀切出口袋狀。

切任意形狀：可隨各人喜好切出任意變化的形狀。

最簡單烤吐司方法

吐司直接吃味道固然不錯，但烤過再吃另有一番香酥美味，利用烤麵包機、烤箱、電鍋來烤或平底鍋煎，一個小小的動作，幫助你做出更多不同的吐司點心！

烤麵包機：用烤麵包（吐司）機是最簡單的烤麵包方法，把吐司放進烤麵包機，調至想要的香酥度（通常分3～5級），按下開關等跳起即可，不用擔心烤焦的問題。

烤箱：烤箱上下火都開，先以180°C預熱3分鐘，再烤約5分鐘即可。用烤箱裡附的網架烤兩面才能均勻烤酥，若放在烤盤上烤，中途需要翻面，另一面也才能烤黃酥脆。

平底鍋：平底鍋開大火燒熱後改調小火，塗上一層薄薄的奶油或植物油，放上吐司，約5分鐘烤好一面，熄火後再把吐司翻面，用餘溫烤約3分鐘，另一面就能烤香。

電鍋：電鍋也能用來烤吐司喔！只要把外鍋擦洗乾淨，直接放入吐司，按下開關，等開關自動跳起約3～5分鐘，即有一面酥脆效果，蓋上鍋蓋不用按開關，再把吐司反一面，利用餘熱再烤約3分鐘，另一面就會烤好。

果醬DIY

蘋果果醬

材料：
中型紅蘋果2個、檸檬汁30c.c.、細冰糖5 1/2大匙

做法：
1. 蘋果刷洗乾淨，留1/2個不削皮，其餘都削去外皮，挖除核籽，去蒂頭和臍尾，果肉切薄片後再切成細丁。
2. 取一鍋子，倒入蘋果丁、檸檬汁、細冰糖，混合拌勻，靜置5分鐘。
3. 開大火煮至蘋果出汁呈現滾沸狀態，調成中火熬煮約20分鐘，再調小火煮約5分鐘，等湯汁收乾果丁呈黏稠狀即可熄火。

鳳梨果醬

材料：
中型鳳梨1/2個（約300克）、檸檬汁15c.c.、細冰糖3大匙

做法：
1. 鳳梨削去外皮，切去硬心，果肉切薄片後再切成細丁。
2. 取一鍋子，倒入鳳梨丁、檸檬汁、細冰糖，混合拌勻，靜置5分鐘。
3. 開大火煮至鳳梨出汁呈現滾沸狀態，調成中火熬煮約20分鐘，再調小火煮約5分鐘，等湯汁收乾果丁呈黏稠狀即可熄火。

草莓果醬

材料：
草莓300克、檸檬汁15c.c.、細冰糖4大匙

做法：
1. 草莓洗淨，去蒂頭，果肉切薄片後再切成細丁。
2. 取一鍋子，放入草莓丁、檸檬汁、細冰糖，混合拌勻，靜置5分鐘。
3. 開大火煮至草莓出汁呈現滾沸狀態，調成中火熬煮約20分鐘，再調小火煮約5分鐘，等湯汁收乾果丁呈黏稠狀即可熄火。

奇異果果醬

材料：
綠色奇異果4個、檸檬汁15c.c.、細冰糖5 1/2大匙

做法：
1. 奇異果洗淨，切去蒂頭和臍尾，削去外皮，果肉切薄片後再切成細丁。
2. 取一鍋子，倒入奇異果丁、檸檬汁、細冰糖，混合拌勻，靜置5分鐘。
3. 開大火煮至奇異果出汁呈現滾沸狀態，調成中火熬煮約20分鐘，再調小火煮約5分鐘，等湯汁收乾果丁呈黏稠狀即可熄火。

檸檬果醬

材料：
檸檬4個、細冰糖5 1/2大匙

做法：
1. 檸檬洗乾淨，去蒂頭，果肉切薄片後再切成細丁。
2. 取一鍋子，倒入檸檬丁、檸檬汁、細冰糖，混合拌勻，靜置5分鐘。
3. 開大火煮至檸檬出汁呈現滾沸狀態，調成中火熬煮約20分鐘，再調小火煮約5分鐘，等湯汁收乾果丁呈黏稠狀即可熄火。

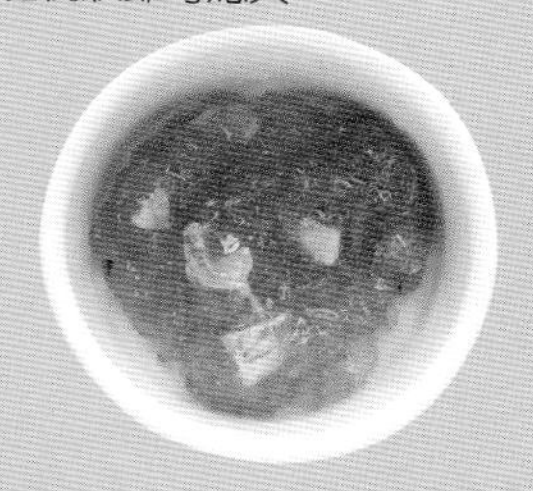

Tips

1. 熬煮任何種類的果醬，過程中都要不時去攪動，尤其湯汁快收乾的最後幾分鐘，一定要看著爐火，避免煮過頭燒焦黏鍋。
2. 一般煮好的自製果醬放入冰箱冷藏約可保存20天，但最好還是趁鮮趕緊吃完。

小朋友的簡單吐司&披薩

我最喜歡吃吐司和披薩了，
今天我不是只有吃，
還要和媽媽一起做拿手的吐司車、可愛公主吐司、果醬吐司……，
看我一次把他們通通吃光！

香草起司吐司丁

材料：

厚片吐司1片、香草起司球5～6個、蜂蜜2大匙

做法：

1. 將厚片吐司切成丁塊，送進烤箱烤酥。
2. 香草起司球與烤吐司丁穿插擺盤。
3. 搭配蜂蜜即可。

Tips

到超市購買起司球時，可選擇自己喜歡的其他口味，像藍莓、草莓等起司球。

起司葡萄乾吐司

材料：

吐司1片、披薩起司絲3大匙、葡萄乾1大匙、蔓越莓乾1/2大匙、起司粉少許

做法：

1. 吐司鋪上一層起司絲，排上葡萄乾和幾顆蔓越莓乾。
2. 送進烤箱，烤至起司融化，取出趁熱撒上起司粉即可。

起司海苔吐司

材料：

吐司1片、煙燻起司片1片、海苔1片、海苔絲1大匙

做法：

1. 吐司鋪上一片煙燻起司片，一半撒上海苔絲，一半蓋上海苔片。
2. 送進烤箱烤至起司融化即可。

蜂蜜松子吐司

材料：

吐司1片、蜂蜜1大匙、松子1大匙

做法：

1. 吐司送進烤箱烤酥，吐司取出後，放入松子用餘熱烤香。
2. 烤吐司均勻抹上一層蜂蜜。
3. 撒上烤香的松子即可。

漢堡肉披薩

材料：

厚片吐司1片、漢堡肉排1片、綜合蔬菜丁1大匙、起司絲80克、市售披薩紅醬1大匙、奶油2小匙

做法：

漢堡肉放入油鍋裡煎熟。

厚片吐司均勻抹上一層奶油，再塗一層披薩紅醬，鋪上60克的起司絲。

吐司中間放上漢堡肉排，四周放些綜合蔬菜丁，撒上剩下的起司絲。

烤箱先以200˚C上下火全開預熱5分鐘，放入漢堡肉披薩烤6～8分鐘至起司融化即可。

香腸青椒披薩

材料：

厚片吐司1片、香腸1/2條、青椒1/6個、起司絲80克、市售披薩紅醬1大匙、奶油2小匙

做法：

1. 香腸先用電鍋蒸熟，切片。青椒洗淨擦乾水分，切細條。
2. 厚片吐司均勻抹上一層奶油，再塗一層披薩紅醬，鋪上60克的起司絲。
3. 吐司上放香腸片、青椒條，撒上剩下的起司絲。
4. 烤箱先以200˚C上下火全開預熱5分鐘，放入香腸青椒披薩烤6～8分鐘至起司融化即可。

蕃茄海苔披薩

材料：

厚片吐司1片、蕃茄適量、海苔片2片、火腿1片、起司絲80克、市售披薩紅醬1大匙、奶油2小匙

做法：

1. 蕃茄洗淨後去蒂頭，橫切一片厚約0.5公分的圓片。火腿切成四等份。
2. 厚片吐司均勻抹上一層奶油，再塗一層披薩紅醬，舖上60克的起司絲。
3. 兩片長形海苔片十字交疊放在起司層上，略壓緊實。四個角落放上同樣大小的火腿片，每片火腿塗上少許披薩紅醬、海苔丁。
4. 吐司中間撒上剩下的起司絲，放上蕃茄片。烤箱先以200˚C上下火全開預熱5分鐘，放入蕃茄海苔披薩烤6～8分鐘至起司融化即可。

紅配綠披薩

材料：

厚片吐司1片、綠花椰菜適量、胡蘿蔔片適量、起司絲80克、市售披薩紅醬1大匙、奶油1大匙、鹽少許

做法：

1. 綠花椰菜分切成3、4小朵後清洗乾淨。胡蘿蔔刷洗乾淨，取接近尖端較細長的部分切5個小圓片，周邊切缺角刻成花形。
2. 厚片吐司均勻抹上一層奶油，再塗一層披薩紅醬，舖上60克的起司絲。
3. 烤箱先以200˚C上下火全開預熱5分鐘，將披薩送進烤箱烤5分鐘至起司略融化，取出。
4. 平底鍋燒熱，倒入奶油燒融，放入綠花椰菜、胡蘿蔔片拌炒至熟，加少許鹽調味，盛出排在半融化的披薩上，再放入烤箱略烤3分鐘即可。

肉鬆美乃滋吐司

材料：

吐司2片、美乃滋1大匙、肉鬆4大匙、小黃瓜1/2條、海苔絲1大匙、白芝麻2小匙

做法：

1. 小黃瓜洗淨刨成細絲，肉鬆、海苔絲、白芝麻混合均勻。
2. 2片吐司都單面均勻抹上一層美乃滋。
3. 在一片吐司鋪上小黃瓜絲，放上混合好的海苔肉鬆，再蓋上另一片吐司。
4. 將疊合的吐司從對角線切開成2個三明治即可。

什錦生菜起司吐司

材料：

吐司2片、美乃滋1大匙、起司片1片、生菜葉1大片、蘋果1片、小黃蕃茄3顆、苜蓿芽100克、水蜜桃罐頭1片

做法：

1. 生菜葉、苜蓿芽、蘋果、小蕃茄都清洗乾淨，蘋果連皮切一個圓薄片，小黃蕃茄切薄片，水蜜桃切2個圓片，起司片切成細條。
2. 吐司切去硬邊，均勻抹上一層美乃滋，放上生菜葉、蘋果片、苜宿芽，再擠上少許美乃滋，續放起司條、蕃茄片、水蜜桃片，蓋上另一片抹好美乃滋的吐司，從中間切成2個長形三明治，可用牙籤固定。

蒲燒鰻海苔吐司

材料：

厚片吐司1片、蒲燒鰻2片（每片約比1/2片吐司略小）、美乃滋2小匙、海苔2片、萵苣葉2片、白芝麻2小匙

做法：

1. 萵苣葉洗淨後撕大片，放入冰水冰鎮，瀝乾水分。
2. 厚片吐司從中間切開成2個長方形，各從切口面再進刀切出口袋狀。
3. 將2塊口袋吐司送進烤箱烤酥，蒲燒鰻一併放入烤熱。
4. 在烤好的吐司口袋內均勻抹上一層美乃滋，分別放入1片海苔、1片萵苣葉、1片蒲燒鰻，蒲燒鰻撒上白芝麻即可。

Tips

每片蒲燒鰻要比半片吐司略小，才可以輕鬆塞入吐司中。

洋芋片美乃滋吐司

材料：

厚片吐司1片、洋芋片6片、美乃滋1/2大匙、小蕃茄3顆、法式黃芥末2小匙

做法：

1. 小蕃茄洗淨，去蒂頭，切薄片。
2. 厚片吐司從中間切開成2個長方形，各從切口面再進刀切出口袋狀。
3. 將2塊口袋吐司送進烤箱烤酥。
4. 用抹刀將2塊口袋吐司內均勻抹上一層美乃滋。
5. 厚片吐司口袋插進洋芋片、蕃茄片，喜歡重口味的人，還可以再擠上一圈法式黃芥末。

海苔醬甜椒吐司

材料：

吐司1片、美乃滋1/2大匙、海苔醬3大匙、青椒、黃椒、紅椒各1小片（長約1公分X寬約1公分）

做法：

1. 吐司自由切割成3小片，送進烤箱烤酥。
2. 每一小片吐司都均勻抹上一層美乃滋，再抹上海苔醬。
3. 青椒、黃椒、紅椒都切成小丁，分別輕放在海苔醬上即可。

花生椰香吐司

材料：

吐司1片、奶油1小匙、花生醬2大匙、椰子粉1/2大匙、脆花生1大匙

做法：

1. 脆花生切碎。
2. 吐司送進烤箱烤酥，均勻抹上一層奶油，再抹上厚厚一層花生醬。
3. 在花生醬上撒些碎花生，再均勻撒上椰子粉即可。

Tips

椰子粉裝入有小孔的調味罐，比較方便均勻撒出。

變化果醬吐司

材料：

吐司1片、奶油1/2大匙、市售柳橙、杏桃、桑椹、櫻桃果醬各1/2大匙、水果丁少許、乾果少許

做法：

1. 吐司切成4等分小方片，送進烤箱烤酥。
2. 每小片吐司都均勻抹上一層奶油，再塗上不同口味的果醬。
3. 果醬上再放些水果丁、核果或是乾果即可。

巧克力香蕉吐司

材料：

吐司1片、巧克力醬1大匙、香蕉1條、蜂蜜或果糖少許

做法：

1. 吐司送進烤箱烤酥，均勻抹上一層巧克力醬。
2. 香蕉剝去外皮，切4圓片，擺在巧克力吐司的四個角落。
3. 香蕉片再刷上一層蜂蜜或果糖更香甜。

酸黃瓜美乃滋吐司

材料：

吐司1片、酸黃瓜2小條或酸黃瓜片4片、紅黃小蕃茄各1顆、美乃滋1/2大匙、法式黃芥末1小匙

做法：

1. 吐司均勻抹上一層美乃滋。
2. 酸黃瓜直切成兩半。小蕃茄洗淨，去蒂頭，切圓片。
3. 將酸黃瓜、蕃茄片排在美乃滋吐司上，再擠上少許法式黃芥末即可。

Tips

酸黃瓜要選小條一些的，不用切就可以直接吃了。

香鬆美乃滋吐司

材料：

吐司1片、美乃滋1大匙、三島香鬆1大匙、海苔絲少許

做法：

1. 吐司送進烤箱烤酥，均勻抹上一層美乃滋。
2. 撒上三島香鬆，再以少許海苔絲點綴即可。

綜合蔬菜美乃滋吐司

材料：

吐司1片、綜合蔬菜丁2大匙（含玉米、青豆仁、胡蘿蔔丁、馬鈴薯丁）、美乃滋2大匙、鹽少許

做法：

1. 鍋燒熱，倒入少許橄欖油，放入綜合蔬菜丁炒熱，加少許鹽調味後放涼。
2. 將炒好的蔬菜丁與美乃滋調拌混合。
3. 將拌好的美乃滋蔬菜丁塗抹厚厚一層在吐司上即可。

蜂蜜杏仁吐司

材料：

吐司1片、蜂蜜1大匙、杏仁片8～10片

做法：

1. 吐司送進烤箱烤酥。
2. 杏仁片用烤箱餘熱烤至微黃酥脆。
3. 在烤好的吐司上淋上一層蜂蜜，擺上杏仁脆片排成花樣即可。

草莓棉花糖吐司

材料：

吐司1片、奶油1小匙、自製草莓果醬3大匙、水果棉花糖3顆

做法：

1. 吐司送進烤箱烤酥，均勻抹上一層奶油。
2. 塗抹上自製的草莓果醬，放上幾顆棉花糖點綴即可。

Tips

自製草莓果醬做法參照P10。

芝麻煉乳吐司

材料：

吐司1片、煉乳1大匙、黑芝麻1小匙、白芝麻1小匙、檸檬1片

做法：

1. 吐司送進烤箱烤酥，均勻抹上一層煉乳。
2. 將黑白芝麻混合，然後撒在煉乳吐司上，再放上一片檸檬即可。

Tips

也可用芝麻粉取代芝麻粒，因為煉乳已有甜味，可選用不加糖的原味芝麻粉，芝麻粉用有篩孔的調味罐來撒較方便，可避免粉結成團塊狀。

星星芒果吐司

材料：

吐司1片、愛文芒果1大片（厚約1公分）、煉乳1/2大匙、蔓越莓乾5顆、青豆仁1顆

做法：

1. 吐司送進烤箱烤酥，均勻抹上一層煉乳。
2. 芒果削去外皮，切下大片果肉，以星星模型壓出星星形狀，放在煉乳吐司中間。
3. 在芒果星形凹角處各放一顆蔓越莓乾，芒果片上擺1顆青豆仁或巧克力豆裝飾即可。

Tips

芒果片可用刀切出形狀，或另選購自己喜歡的壓模樣式來變換花樣。

七彩煉乳吐司

材料：

吐司1片、奶油1小匙、煉乳1/2大匙、七彩巧克力米2小匙

做法：

1. 吐司送進烤箱烤酥，均勻抹上一層奶油，再淋上煉乳並抹勻。
2. 撒上七彩巧克力米即可。

草莓起司吐司

材料：

厚片吐司1片、草莓起司適量（可用藍莓起司或其他口味起司）、草莓3顆、蜂蜜1大匙、生菜葉1片

做法：

1. 厚片吐司從中間切開成2個長方形，送進烤箱烤酥，每片上方等距切出4條縫隙。
2. 草莓洗淨後去蒂頭，切成8片，草莓起司切10小片，生菜葉洗淨瀝乾水分，撕成小片。
3. 每道吐司縫隙和間隙裡依序夾進草莓、草莓起司和生菜葉，吐司頭尾再各放一片草莓起司，最後淋上蜂蜜即可。

火腿煎蛋吐司

材料：

吐司1片、美乃滋1/2大匙、火腿1片、雞蛋1個、小黃瓜1/2條、洋蔥少許、蕃茄醬1/2大匙、胡椒粉少許

做法：

1. 小黃瓜洗淨刨成細絲；洋蔥切細絲。
2. 雞蛋煎成荷包蛋；利用餘油把火腿煎熱。
3. 吐司均勻抹上一層美乃滋，放上火腿片，擠上蕃茄醬，續放荷包蛋、洋蔥絲、小黃瓜絲，撒少許胡椒粉即可。

Tips

不喜歡洋蔥辛辣味道的人可選擇不放，或者先將洋蔥絲炒熟再用。

焦糖布丁吐司

材料：

吐司2片、奶油1大匙、焦糖布丁1個、奇異果1個、櫻桃2個

做法：

1. 奇異果洗淨削去外皮，切小丁，櫻桃洗淨切片。
2. 將一片吐司用模型壓出心型，把中央心形吐司拿走，即成心形鏤空吐司。
3. 將鏤空吐司疊放在另一層吐司上，兩片之間抹奶油沾黏住。
4. 布丁倒扣在盤上，從上約2公分處橫切一片，焦糖朝上。
5. 將焦糖布丁片放入心形鏤空吐司的中間，拿奇異果丁填滿心形空隙，再以櫻桃片裝飾即可。

巴西里培根起司吐司

材料：

吐司1片、美乃滋1/2大匙、起司1片、培根1片、小紅蕃茄1顆、巴西里1/2小匙、蕃茄醬1小匙

做法：

1. 紅蕃茄洗淨後去蒂頭，切成薄片。
2. 吐司均勻抹上一層美乃滋，鋪上1片起司，送進烤箱烤至起司融化。
3. 培根以少許橄欖油煎香，盛放在吐司上，擠上適量蕃茄醬，撒上巴西里。
4. 以蕃茄片裝飾即可。

甜豆腐乳吐司

材料：

吐司1片、甜豆腐乳醬2大匙、小黃瓜1/2條

做法：

1. 吐司送進烤箱烤酥。
2. 小黃瓜洗淨刨成細絲。
3. 烤好的吐司均勻抹上一層甜豆腐乳醬，擺上小黃瓜絲即可。

Tips

如果你喜歡吃辣，也可以改成塗抹辣的豆腐乳，別有一種滋味。

愛心蒜香吐司

材料：

吐司1片、蒜香奶油2小匙、醃漬綠橄欖1顆

做法：

1. 綠橄欖切片。
2. 吐司用小的心形模型器壓出3個心形，先將3個心形吐司片放在烤盤上，送進烤箱烤酥。
3. 將烤好的心形吐司片取出，均勻抹上一層蒜香奶油，再送回烤箱烤約2分鐘，使奶油與吐司融合。
4. 將烤好的心形吐司片填進原本挖起來的吐司空洞裡，每個心形吐司上再放綠橄欖裝飾即可。未烤的吐司部分可塗上一層奶油或果醬來品嘗。

Tips

1. 壓模後沒有烤的吐司，也可以均勻抹上一層奶油搭配著吃。
2. 心形吐司烤至略酥黃再抹上蒜香奶油烤比較好，若一開始就塗蒜香奶油一起烘烤，時間太長奶油容易烤焦變黑。

烤吐司條沾醬

材料：

厚片吐司1片

沾醬：

巧克力醬1/2大匙、七彩巧克力米1小匙、杏桃果醬1大匙、法式黃芥末1/2大匙、巴西里1/2小匙、蕃茄醬1小匙、美乃滋1小匙、小紅蕃茄1片、藍莓果醬1大匙、花生醬1/2大匙、杏仁碎末1/2大匙

做法：

1. 厚片吐司切成6條。烤箱先以180℃上下火全開預熱5分鐘，放入吐司條烤6分鐘至酥，中途需翻面再烤。
2. 烤好後取出，每根吐司條尾端包上一段鋁箔紙，方便用手拿。
3. 第1條吐司：均勻塗抹一層巧克力醬，撒上七彩巧克力米即可。
4. 第2條吐司：均勻塗抹一層杏桃果醬即可。
5. 第3條吐司：塗抹上薄薄一層法式黃芥末，撒上巴西里即可。
6. 第4條吐司：將蕃茄醬與美乃滋調拌均勻，塗抹在吐司條上，再放上一片小蕃茄片即可。
7. 第5條吐司：均勻塗抹一層藍莓果醬即可。
8. 第6條吐司：均勻塗抹一層花生醬，撒上杏仁碎末即可。

Tips

每一條吐司的口味都不一樣，不僅看起來漂亮，吃起來口味不錯，最能吸引小朋友的目光。

肉醬洋蔥吐司

材料：

吐司1片、肉醬3大匙、洋蔥30克、生菜2大片、美乃滋1/2大匙、蕃茄醬適量

做法：

1. 生菜洗淨後瀝乾，撕成數小片。洋蔥去外皮切丁。
2. 吐司送進烤箱烤酥。
3. 洋蔥丁放入油鍋中炒香，續入肉醬拌炒均勻，即成洋蔥肉醬。
4. 烤酥的吐司均勻抹上一層美乃滋，放上生菜舖底，盛上洋蔥肉醬，淋上一圈蕃茄醬即可。

Tips

除了蕃茄醬以外，也可以換成法式黃芥末或甜辣醬、黑胡椒醬等，可依個人的喜好做調配。

蕃茄鮪魚吐司

材料：

吐司1片、大蕃茄1片、鮪魚罐頭1/2罐、青豆仁少許、美乃滋1/2大匙、巴西里1小匙、黑胡椒少許、蕃茄醬1小匙

做法：

1. 蕃茄洗淨，切細丁。青豆仁洗淨以滾水汆燙熟，撈起瀝乾。
2. 鮪魚罐頭魚肉瀝乾油份，以手稍微剝散。
3. 將蕃茄丁、鮪魚肉、蕃茄醬混合拌勻，撒上巴西里、黑胡椒再略拌幾下，即成蕃茄鮪魚醬。
4. 吐司均勻抹上一層美乃滋，放上蕃茄鮪魚醬，點綴上青豆仁即可。

Tips

如果你覺得蔬菜量不豐富，也可以加入綜合蔬菜丁，不過汆燙後的蔬菜丁要先瀝乾水分再加入，否則吐司會濕濕的，口感變差。

新鮮水果吐司

材料：

吐司1片、煉乳1大匙、奇異果1片、草莓1片、櫻桃1個、楊桃1片、鳳梨丁1/2大匙（可用罐頭）、火龍果1小塊

做法：

1. 所有水果都清洗乾淨。
2. 奇異果削去外皮，切半圓片。草莓去蒂頭，切中央部分1片。楊桃切頭端一小星形薄片。鳳梨切小丁。火龍果去皮，切一小塊果肉。
3. 吐司用模型壓出花形，送進烤箱烤酥。
4. 在烤好的花形吐司均勻抹上一層煉乳，放上水果丁和水果片即可。

Tips

喜歡吃甜味的人，可以再淋上一圈蜂蜜或果糖，使味道更豐富。

小花吐司

材料：

吐司1片、奶油1/2大匙

做法：

1. 用鋁箔紙摺疊2～3層，剪出一盆小花。
2. 將小花鋁箔紙平放在吐司上。
3. 烤箱先以180℃上下火全開預熱5分鐘，放入吐司，烤5～6分鐘，見吐司未蓋鋁箔紙的部分已烤黃即可取出。
4. 拿掉鋁箔紙即可。

Tips

用鋁箔紙做花樣，樣式以簡單、輪廓線條盡量清楚分明做出來效果較佳。鋁箔也可摺疊幾次搓捏成細細的鋁箔條，彎曲成喜歡的形狀，放在吐司上烤也有遮色效果。

熊寶寶吐司

材料：

吐司1片、芝麻粉2大匙、奶油1/2大匙

做法：

1. 把芝麻粉裝進有小孔的撒粉罐裡。
2. 奶油隔水加熱使其融化，均勻抹在吐司上。
3. 把小熊鏤空板放在吐司適當的位置，拿起撒粉罐把芝麻粉撒在鏤空板四周和鏤空的洞洞，多撒一些，然後小心拿起鏤空板，即出現可愛的小熊臉。

Tips

1. 可以選用自己喜歡的造型鏤空板，或是拿紙張畫出花樣，雕刻出部分鏤空，放在吐司上撒上粉狀食材，同樣可達到效果。
2. 玩鏤空花樣，必須先在吐司上塗一層有黏性的醬汁，如奶油、美乃滋、煉乳、蜂蜜、楓糖、巧克力醬等，撒粉才容易沾黏固定；常用粉類如：巧克力粉、芝麻粉、細糖粉、細椰子粉、杏仁粉、五穀粉、抹茶粉等。

小毛頭吐司

材料：

吐司1片、紅蘋果1圓片、葡萄乾2顆、青椒1小片、海苔絲5～6條、火腿1/4片、美乃滋1/2大匙

做法：

1. 蘋果洗淨，從蒂頭往下約2/5高度，避開種核的部分，連紅皮橫切出一圓片，另連紅皮切成歡笑嘴形的小片狀。青椒洗淨，挑膨圓處切下一小條彎彎的青椒絲當鼻子。火腿剪下兩個直徑約1公分的小圓片。
2. 吐司均勻抹上一層美乃滋。
3. 在吐司中央擺上圓蘋果片當臉。
4. 擺上葡萄乾當眼睛。
5. 中間放上青椒絲當鼻子。
6. 放上小片紅蘋果皮當嘴巴。
7. 在兩頰各擺一片粉紅的火腿圓片當腮紅。
8. 最後在蘋果片頂端排上海苔絲當頭髮即可。

小毛頭吐司 step by step

※ 詳細材料參照p46，需事先裁好所需的圖案，製作順序可依小朋友喜好更動。

1

將所有材料放在一平盤裡。

2

吐司上均勻抹一層美乃滋。

3

在吐司中間擺上圓蘋果片當臉。

4

擺上葡萄乾當眼睛。

5

2顆眼睛完成。

6

中間放上青椒絲當鼻子。

7

放上小片紅蘋果皮當嘴巴。

8

在蘋果片頂端排上海苔絲當頭髮。

可愛公主吐司

材料：

吐司1片、海苔1片、海苔絲6條、黑芝麻2顆、紅椒1片、法式黃芥末1小匙、小黃瓜1/4條、火腿1片、美乃滋2小匙

做法：

1. 吐司用女生人形壓模器壓出一個女生的人形。
2. 海苔片上部修剪成圓形，做出長頭髮的樣子，人形吐司頭部後面抹一些美乃滋，把海苔放在下面黏好當頭髮。
3. 正面臉部吐司抹上少許美乃滋，用海苔絲點綴當瀏海，黑芝麻當眼睛，紅椒絲當嘴巴。
4. 吐司上衣部分用少許黃芥末塗抹做出顏色效果，兩邊袖口各黏上海苔絲做收邊，衣服中間放上一小片紅椒丁當釦子。
5. 用女生人形壓模器壓火腿，只切取梯形裙子的部分，把火腿裙子一面抹上美乃滋，黏在吐司上，火腿裙子腰部的地方沾一點美乃滋，黏上一條海苔絲當腰帶。
6. 小黃瓜洗淨，切取外圈接近綠皮的部分，切長度比裙子短一些的細絲數條，擺上當裙子花紋。
7. 紅椒切取接近紅皮的薄片，用女生人形壓模器壓取兩隻紅鞋，以美乃滋沾在女生吐司的腳部當鞋子即可。

Tips
若沒有壓模器，可用乾淨的食材剪刀來剪造型，刀口過火消毒一下，即可剪出喜歡的形狀。

可愛公主吐司　step by step

※ 詳細材料參照p48，需事先裁好所需的圖案，製作順序可依小朋友喜好更動。

1

將所有材料放在一平盤裡。

2

人形吐司頭部後面抹上一些美乃滋，把海苔放在下面黏好當頭髮。

3

吐司上衣部分用少許法式黃芥末。

4

將火腿裙子一面抹上美乃滋，黏在吐司上。

5

擺上小黃瓜絲當裙子的花紋。

6

裙子的花紋全部完成。

7

兩邊袖口各黏上海苔絲做收邊，衣服中間放上一小片紅椒丁當釦子。

8

正面臉部吐司抹上少許美乃滋，用海苔絲點綴當瀏海，黑芝麻當眼睛，紅椒絲當嘴巴，再黏上火腿鞋子。

KASUMICHO
RED CROSS
HOSPITAL
MIYASHIRO-CHŌ
TAMACHI
30TH ST

串燒吐司

材料：

吐司1片、小黃瓜1條、紅椒1/2顆、黃椒適量、熱狗1/2條、芒果適量

做法：

1. 吐司以小星星壓模器壓出4～5個星形，兩面都均勻抹上一層奶油。
2. 小黃瓜洗淨，切取頭尾各約3公分，皮上以斜刀切出一些缺口做裝飾。
3. 紅黃椒都洗淨，紅椒切取尾部一片像個大花帽，黃椒任意切一段。
4. 芒果去皮，切取一個2公分的正方塊。
5. 熱狗切取一個2公分長段，放入油鍋裡煎香。
6. 拿長竹籤依小黃瓜、星形吐司片、芒果塊、紅椒、星形吐司、黃椒、熱狗、星形吐司、小黃瓜的順序串起即可。

Tips

1. 長竹籤頭端尖銳，串食材時最好由大人製作，小朋友吃的時候也要注意安全，或是串好後把頭尖端部分剪斷。
2. 穿插的吐司片可依不同的形狀、塗上各種口味的醬料，吐司也可烤酥再串。

吐司車

材料：

厚片吐司1片、火腿1片、捲心酥2根、芒果1小片、胡蘿蔔適量、小黃瓜適量、紅椒適量、黃椒適量、蘆筍1根、玉米筍1支、美乃滋1大匙

做法：

1. 厚片吐司兩面切去硬邊，從中間對切成兩個長方形，其中一個長方形吐司切去1/3，平放在另一片長吐司片上，兩片之間用美乃滋沾黏住，做成汽車的車身，從上方下刀切出一道口袋縫。
2. 火腿切出一片大長方形、兩片小長方形，以美乃滋與吐司車身沾黏做車窗。
3. 芒果切一小片半圓形，以美乃滋黏在車頭引擎蓋上做裝飾。
4. 蘆筍、玉米筍以鹽水燙熟，胡蘿蔔、小黃瓜、紅椒、黃椒洗淨，都切粗0.3公分、長8公分的細條。
5. 拿抹刀從車頂切開的口袋縫裡抹上一層美乃滋，將蔬菜一根根插入並插好，再拿兩個捲心酥當輪子即可。

MITA-KOYAMA CHŌ
NINOHASHI
30TH ST
MITA AVE
30TH ST
MITA-TSUNA-MACHI
ITALIAN
EMBASSY
KANASUGIBASHI
SHIBA PALACE
GARDEN
MITA-SHIKOKU-MACHI
KEIŌ UNIVERSITY
TŌKYŌ-KŌ-GUCHI
GINZA ST
AVE "B"
FUDANOTSUJI
MITA
SHIBAURA PIER
ASANO'S
MANSION
TAMACHI
TO

奇異果果醬吐司

材料：

吐司1片、奶油1小匙、自製奇異果果醬3大匙、奇異果1片

做法：

1. 奇異果洗淨，削去外皮，切一片厚約0.3公分的薄片。
2. 吐司送進烤箱烤酥，均勻抹上一層奶油，塗抹上自製的奇異果果醬。
3. 擺上一片新鮮奇異果片做裝飾即可。

Tips

自製奇異果果醬做法參照P10。

鳳梨果醬吐司

材料：

吐司1片、奶油1小匙、自製鳳梨果醬3大匙、鳳梨2小片

做法：

1. 將鳳梨片水分稍擦乾。
2. 吐司送進烤箱烤酥，均勻抹上一層奶油，塗抹上自製鳳梨果醬。
3. 擺上新鮮鳳梨片做裝飾即可。

Tips

自製鳳梨果醬做法參照P10。

蘋果果醬吐司

材料：

吐司1片、奶油1小匙、自製蘋果果醬3大匙、葡萄乾2顆、紅蘋果帶皮適量

做法：

1. 蘋果洗淨，連紅皮切成一片歡笑嘴形的小片狀。
2. 吐司送進烤箱烤酥，均勻抹上一層奶油，塗抹上自製蘋果果醬。
3. 擺上葡萄乾當眼睛、蘋果片當嘴巴裝飾即可。

Tips

自製蘋果果醬做法參照P10。

檸檬果醬吐司

材料：

吐司1片、奶油1小匙、自製檸檬果醬2大匙、檸檬皮絲少許

做法：

1. 檸檬洗淨，削下外層綠皮，然後切細絲。
2. 吐司送進烤箱烤酥，均勻抹上一層奶油，塗抹上自製檸檬果醬。
3. 放上檸檬皮絲增添香氣即可。

Tips

自製檸檬果醬做法參照P10。

美眉的最愛吐司＆披薩

吐司不是只能夾火腿蛋或漢堡肉，
還可以變化出紅豆吐司、焗烤吐司丁、酸黃瓜熱狗吐司，
更別忘了自製的披薩，輕鬆在家就可以完成！

芥末蘆筍熱狗吐司

材料：

吐司1片、法式黃芥末1大匙、美乃滋1大匙、熱狗1條、紫高麗菜適量、蘆筍1支

做法：

1. 將法式黃芥末和美乃滋調拌均勻，即成黃芥末美乃滋醬。
2. 蘆筍洗淨擦乾水分。
3. 鍋燒熱，倒入油，續入熱狗、蘆筍煎熟。
4. 吐司均勻抹上一層黃芥末美乃滋醬，依序放上紫高麗菜、熱狗和蘆筍即可。

Tips

法式黃芥末有股說不出的美味，最常見的搭配是熱狗或酸黃瓜，食材在一般超市都買得到。

紅豆小魚吐司

材料：

吐司2片、市售紅豆泥7大匙、冰糖10小匙、市售蜜豆2大匙、蜜蓮子適量

做法：

1. 將紅豆泥加入蜜豆和冰糖拌勻，即成餡料。
2. 吐司以小魚模型壓出數個魚形吐司，送進烤箱烤酥。
3. 先將餡料填入小魚模型中製作出魚形餡料，再將餡料對準放在魚形吐司上，拿蜜豆、蜜蓮子壓入餡料中做成眼睛或其他圖案即可。

Tips
紅豆泥如有甜味，不需再加糖。

法式青菜吐司

材料：

吐司1片、雞蛋1個、火腿1片、蔬菜4片、奶油2小匙、奇異果1片、大蕃茄1片

做法：

1. 吐司切去硬邊，對角線切開成2個三角形。蔬菜洗淨後切細碎。
2. 雞蛋打散，加入菜末調拌均勻，倒入寬容器中，放入兩片三角形吐司，使兩面都吸滿蛋汁並沾裹菜末。
3. 平底鍋燒熱，倒入奶油燒融，放入吐司片煎至兩面蛋汁收乾且表面微黃盛出，即法式吐司。利用餘油將火腿煎熟。
4. 火腿以飛機模壓出飛機形狀；奇異果、蕃茄切圓片，與法式吐司一起擺盤即可。

馬鈴薯沙拉吐司

材料：

厚片吐司1片、馬鈴薯1/2個、毛豆30克、胡蘿蔔1/3條、火腿1片、鹽少許、美乃滋3大匙、奶油1小匙

做法：

1. 馬鈴薯洗淨，蒸熟後切碎，加入美乃滋調拌混合，用大湯匙壓成泥狀，即馬鈴薯泥。
2. 胡蘿蔔切小丁，與毛豆一起放入鹽水燙熟，撈出瀝乾，與馬鈴薯泥拌勻，即成餡料。
3. 厚片吐司從四周硬邊的內側約1公分處切割縫，四邊不切斷，底部也不切穿，將中間部分的吐司壓扁，使吐司呈凹槽狀。
4. 吐司凹槽底均勻塗上一層奶油，填滿餡料，周圍圍上一圈火腿絲，放入烤箱，以200℃上下火全開烤5分鐘即可。

Tips

在馬鈴薯泥中加入美乃滋可使口感柔滑不乾澀，如果當餐馬上吃，也可加入適量鮮奶調拌。

魩仔魚煎蛋吐司

材料：

吐司1片、魩仔魚3大匙、雞蛋1個、荸薺2顆、小黃瓜1/3條、蔥15克、蕃茄醬適量、美乃滋2小匙、鹽少許

做法：

1. 魩仔魚洗後濾乾。荸薺洗淨，削去外皮，切細丁。小黃瓜洗淨，斜切長圓片數片；蔥洗淨後切蔥花。
2. 雞蛋打散，加入魩仔魚、荸薺丁、蔥花、鹽調拌混合，倒入油鍋中煎熟，即魩仔魚煎蛋。
3. 吐司均勻抹上一層美乃滋，舖上小黃瓜片，放上魩仔魚煎蛋，擠上蕃茄醬即可。

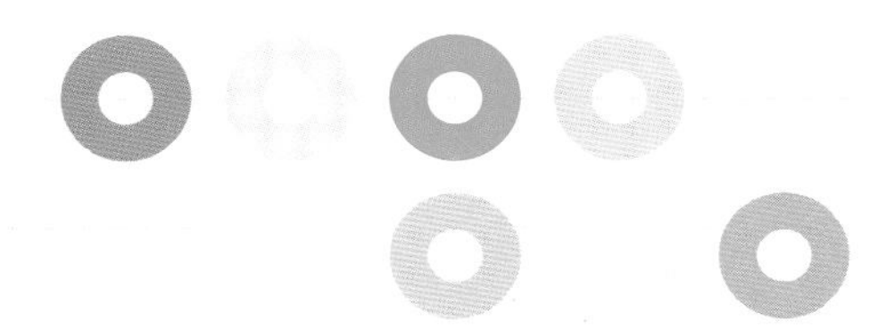

焗烤吐司丁

材料：

吐司1片、綜合蔬菜丁2大匙、雞肉30克、烤肉醬2小匙、奶油1/2大匙、起司絲50克

做法：

1. 吐司切去硬邊，直橫各切4～5刀成麵包丁，放入烤箱，以180°C烤約6分鐘至酥且略黃即可取出。
2. 雞肉切丁，與烤肉醬調拌均勻。
3. 鍋燒熱，倒入少許油，續入雞肉丁、綜合蔬菜丁一起炒香。
4. 取一小型烤盤，盤面均勻抹上一層奶油，將吐司丁、雞肉蔬菜丁、40克起司絲混合後填入，最上層再撒剩餘的10克起司絲。
5. 放入烤箱，以200°C烤約8分鐘至起司融化即可。

Tips

吐司丁烤好後比較燙口，小朋友吃的時候要注意避免燙傷。

Tips
超市中有賣加入了蘋果口味的咖哩，吃起來甜甜的。

咖哩山藥南瓜披薩

材料：

市售披薩餅皮1個、蘋果口味咖哩1小塊、日本山藥5公分長、南瓜120克、枸杞1大匙、起司絲100克、市售披薩紅醬2大匙

做法：

1. 山藥、南瓜洗淨，削去外皮，切成小丁。枸杞洗淨，以微溫開水泡軟。
2. 鍋內加入1杯水和咖哩塊，燒煮至咖哩融化，加入山藥丁、南瓜丁拌炒均勻，續入枸杞，邊煮邊拌炒至湯汁收乾，盛出放涼，即成餡料。
3. 披薩餅皮均勻塗上一層紅醬，鋪上80克的起司絲，放上些餡料，再撒上剩餘的起司絲。可再切一片薄山藥、南瓜片蓋上做裝飾。
4. 烤箱先以220℃上下火全開預熱5分鐘，放入披薩烤8～10分鐘至起司融化即可。

蘆筍玉米筍披薩

材料：

市售披薩餅皮1個、蘆筍8根、玉米筍8根、火腿1片、小蕃茄1顆、起司絲100克、市售披薩紅醬2大匙

做法：

1. 蘆筍、玉米筍洗淨，放入鹽水中燙熟，瀝乾水分放涼。火腿切絲，小蕃茄切片。
2. 披薩餅皮均勻塗上一層紅醬，舖上80克的起司絲，放上蘆筍、玉米筍、火腿絲，再撒上剩餘的起司絲，中央放上一片蕃茄。
3. 烤箱先以220℃上下火全開預熱5分鐘，放入披薩烤8～10分鐘至起司融化即可。

奶油三菇披薩

材料：

市售披薩餅皮1個、奶油1大匙、香菇1朵、蘑菇2朵、金針菇1/2把、青椒25克、鹽少許、起司絲100克、市售披薩紅醬2大匙

做法：

1. 香菇、蘑菇、金針菇都清洗乾淨，香菇切去蒂後切片，蘑菇切片、金針菇切取傘帽部分來用。青椒洗淨，切絲。
2. 鍋燒熱，倒入奶油燒融，放入所有菇片，加少許鹽拌炒至八分熟，即成奶油菇料。
3. 披薩餅皮均勻塗上一層紅醬，鋪上80克的起司絲，放上奶油菇料，再撒上青椒絲和剩餘的起司絲。
4. 烤箱先以220℃上下火全開預熱5分鐘，放入披薩烤8～10分鐘至起司融化即可。

Tips

小朋友食用金針菇時，最好取傘帽部分來吃，或將金針菇全株切得短短的，以免太長食用容易噎著。

蘋果蜜桃甜披薩

材料：

市售披薩餅皮1個、蘋果1/2個、水蜜桃1塊、葡萄乾1大匙、檸檬汁15c.c.、奇異果1片、奶油2大匙、起司絲100克、市售披薩紅醬2大匙

做法：

1. 蘋果洗淨，切開去除核籽，切薄片。水蜜桃也切片。奇異果去皮，切1圓片。
2. 鍋燒熱，倒入1大匙奶油燒融，調小火，加入檸檬汁，續入蘋果片拌炒均勻，待煮5分鐘略入味軟化即盛出。
3. 披薩餅皮均勻塗上一層奶油，舖上80克的起司絲，再穿插排蘋果片、蜜桃片，撒些葡萄乾，中間擺上奇異果片略壓緊，撒上剩餘的起司絲。
4. 烤箱先以220°C上下火全開預熱5分鐘，放入披薩烤8～10分鐘至起司融化即可。

Tips

水蜜桃可以選新鮮的，也可以買罐頭的，不過需注意罐頭的水蜜桃較甜，使用前可將多餘的糖汁抹掉。

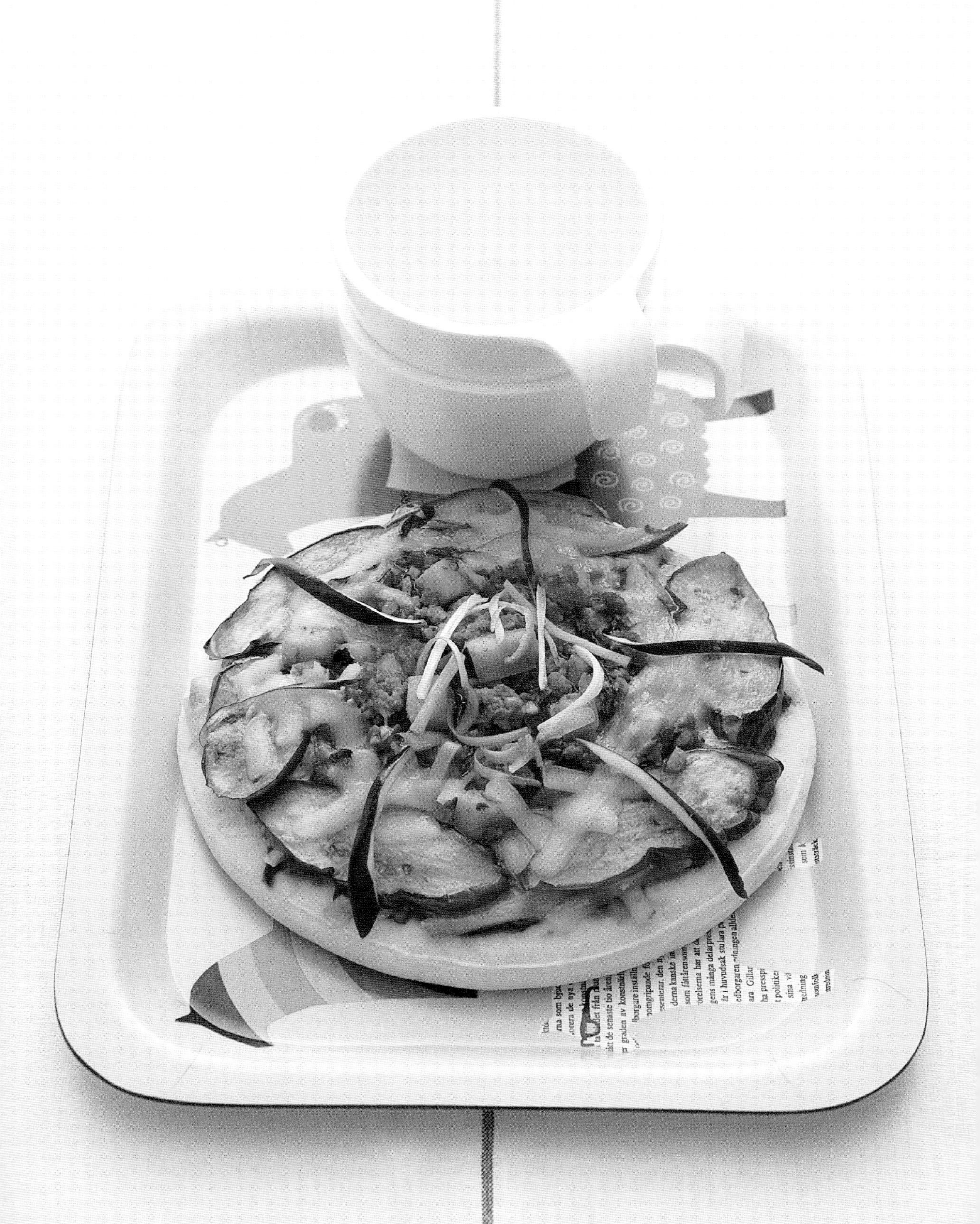

魚香烤茄披薩

材料：

市售披薩餅皮1個、茄子1/2條、絞肉100克、木耳1片、荸薺2個、豆瓣醬1/2大匙、薑末1/2大匙、蒜末1/2大匙、醬油2小匙、烏醋1/2大匙、糖1小匙、水60c.c.、起司絲100克、市售披薩紅醬2大匙

做法：

1. 木耳洗淨切小丁，荸薺削皮後切丁。
2. 茄子洗淨後切片，放入油鍋煎炸熟，瀝乾油份。
3. 鍋燒熱，倒入少許油，加入薑末、蒜末炒香，續入絞肉、木耳、荸薺丁拌炒至絞肉半熟，加入豆瓣醬拌炒幾下，再加醬油、烏醋、水燒煮至滾沸，轉小火炒至收乾，放入茄子拌炒幾下，即成魚香茄子料。
4. 披薩餅皮均勻塗上一層紅醬，舖上約80克起司絲，放上魚香茄子料，再撒上剩餘的起司絲。
5. 烤箱先以220℃上下火全開預熱5分鐘，放入披薩烤8～10分鐘至起司融化即可。

Tips

先以少許油炒香薑末、蒜末，可以增加這道披薩的香氣。

鮪魚玉米披薩

材料：

市售披薩餅皮1個、鮪魚罐頭1罐、甜玉米粒罐頭4大匙、洋蔥45克、青椒20克、火腿1片、起司絲100克、市售披薩紅醬2大匙

做法：

1. 洋蔥洗淨後切丁。青椒洗淨後切絲。火腿切絲。鮪魚罐頭取魚肉，瀝乾油份，魚肉剝散，與甜玉米粒、洋蔥丁混合拌勻，即成鮪魚玉米料。
2. 披薩餅皮均勻塗上一層紅醬，鋪上約80克起司絲，放上鮪魚玉米料，再撒上青椒絲、火腿絲，然後撒上剩餘的起司絲。
3. 烤箱先以220℃上下火全開預熱5分鐘，放入披薩烤8～10分鐘至起司融化即可。

Tips

甜玉米粒罐頭的水分和鮪魚罐頭的油份都要瀝乾，才不會影響成品的口味。

照燒雞肉披薩

材料：

市售披薩餅皮1個、去骨雞腿肉1隻、照燒醬或烤肉醬2大匙、洋蔥1圓片、青椒45克、起司絲100克、市售披薩紅醬2大匙

做法：

1. 雞腿肉洗淨後切小丁，放入照燒醬中醃6小時。
2. 青椒洗淨切丁。
3. 鍋燒熱，倒入少許油，放入雞肉丁炒熟，續入青椒丁略拌炒幾下即可盛出，即成照燒青椒雞丁。
4. 披薩餅皮均勻塗上一層紅醬，鋪上約80克起司絲，中間擺一片洋蔥片，周圍鋪一圈照燒青椒雞丁，再撒上剩餘的起司絲。
5. 烤箱先以220°C上下火全開預熱5分鐘，放入披薩烤8～10分鐘至起司融化即可。

甜椒熱狗披薩

材料：

市售披薩餅皮1個、黃、紅、青椒各適量、大熱狗1支、起司絲100克、市售披薩紅醬2大匙

做法：

1. 熱狗切圓片。紅、黃、青椒都洗淨，各切一圈。
2. 披薩餅皮均勻塗上一層紅醬，鋪上約80克的起司絲，錯開放上甜椒圈，空處貼上熱狗片，再撒上剩餘的起司絲。
3. 烤箱先以220°C上下火全開預熱5分鐘，放入披薩烤8～10分鐘至起司融化即可。

Tips

這道可切鳳梨丁搭配更開胃。

肉醬馬鈴薯披薩

材料：

市售披薩餅皮1個、五香肉醬1罐、馬鈴薯1/2個、小蕃茄3個、蕃茄醬1/2大匙、起司絲100克、市售披薩紅醬2大匙

做法：

1. 馬鈴薯刷洗乾淨，不去皮切薄片，再切小片。小蕃茄洗淨後去蒂頭，切小丁。
2. 鍋燒熱，倒入少許油，放入五香肉醬炒香，續入馬鈴薯片拌炒至熟，加入蕃茄丁、蕃茄醬拌炒幾下，即成肉醬馬鈴薯料。
3. 披薩餅皮均勻塗上一層紅醬，鋪上約80克的起司絲，放上一層肉醬馬鈴薯料，再撒上剩餘的起司絲。
4. 烤箱先以220℃上下火全開預熱5分鐘，放入披薩烤8～10分鐘至起司融化即可。

Tips

五香肉醬也可以換成咖哩醬，做出來的披薩一樣好吃！

2

招待親友的吐司＆披薩

從沒見過的吐司、披薩點心──
手工金莎巧克力、提拉米蘇、紅豆銅鑼燒⋯⋯，
美味又特別，只拿來招待最麻吉的親友！

凱撒沙拉

材料：

蘿蔓生菜適量、吐司2片、培根2條、起司粉少許、黑胡椒粒少許、市售凱撒沙拉醬7大匙

做法：

1. 培根、吐司切丁。
2. 平底鍋燒熱，放入培根丁炒脆，瀝乾油份。
3. 再將平底鍋燒熱，倒入10小匙奶油使其融化，取一烤盤，放入吐司丁，淋上融化的奶油。
4. 烤箱先以130°C上下火全開預熱5分鐘，放入吐司丁烤25分鐘至吐司丁外表呈金黃色。
5. 蘿蔓生菜用手剝成一片片，放入冰水中冰鎮後瀝乾。
6. 取一容器，放入沙拉醬和生菜拌勻，裝入盤中，續入吐司丁、培根碎，再撒上黑胡椒粒和起司粉即可。

義式蕃茄吐司沙拉

材料：

洋蔥1顆、牛蕃茄1顆、厚片吐司1片、檸檬汁30c.c.、大蒜少許、九層塔少許、起司粉少許、黑胡椒少許、胡椒鹽少許、橄欖油2大匙、糖少許

做法：

1. 厚片吐司切成一口大小的大丁，洋蔥切絲，牛蕃茄切成船型，大蒜磨成泥。
2. 烤箱先以150℃上下火全開預熱5分鐘，放入吐司烤15分鐘至上色且酥脆。
3. 取一容器，放入洋蔥、蕃茄，續入吐司大丁、蒜泥、九層塔、黑胡椒、胡椒鹽、橄欖油和糖拌勻，放入沙拉碗中，最後撒上起司粉即可。

2

綜合吐司小點心

鮮蝦吐司

材料：

生菜葉3片、美乃滋1大匙、草蝦3尾、酸豆3顆、吐司1片、巴西里少許、小茴香3支

做法：

1. 草蝦放入滾水燙熟，然後放入冰水泡，取出剝殼，背部劃一刀且去腸泥。
2. 吐司用圓形模壓成圓片。
3. 烤箱先以200°C上下火全開預熱5分鐘，放入圓片吐司烤4分鐘至外表呈金黃色。
4. 吐司均勻抹上一層美乃滋，放一片生菜葉，再依序放上一尾草蝦、一顆酸豆。
5. 將剩餘的美乃滋放入小嘴擠花袋中，在蝦子上擠出細絲，撒些巴西里，以小茴香附香裝飾即可。

大葉火腿卷

材料：

大葉3片、火腿3片、吐司1片、美乃滋1大匙

做法：

1. 吐司用圓形模壓成圓片。
2. 烤箱先以200°C上下火全開預熱5分鐘，放入圓片吐司烤4分鐘至外表呈金黃色。
3. 吐司均勻抹上一層美乃滋。
4. 鍋燒熱，倒入少許油，續入火腿煎熟。
5. 將大葉舖平，放入火腿後捲起，再整卷放在圓片吐司上即可。

Tips 買不到大葉時可用紫蘇葉代替，一般較大的傳統市場或超市都買得到。

起司蕃茄

材料：

起司3片、牛蕃茄1顆、市售青醬1大匙、吐司1片、九層塔3片

做法：

1. 起司每片切成3等份，蕃茄挖成球。
2. 吐司用圓形模壓成圓片。
3. 烤箱先以200°C上下火全開預熱5分鐘，放入圓片吐司烤4分鐘至外表呈金黃色。
4. 吐司均勻抹上一層青醬，依序放一片起司、一球番茄，重複動作兩次，最後放九層塔裝飾即可。

Tips 青醬DIY：將約7大匙橄欖油倒入果汁機，續入50克汆燙過的九層塔、50克新鮮巴西里、8克烤過的松子、8克起司粉和5克鯷魚打成泥狀，再加入少許鹽、胡椒調味即可。

法式煎吐司

材料：

吐司2片、牛奶200c.c.、蛋1顆、糖粉或蜂蜜少許、香菜4片、胡椒鹽少許、草莓1顆

做法：

1. 將牛奶和蛋倒入容器先拌勻，續入胡椒鹽調味，即成牛奶蛋液。
2. 將吐司放入牛奶蛋液中泡，沾一片香菜，再入平底鍋中煎至外表呈金黃色。
3. 草莓切片。
4. 煎好的吐司從中間對角線切開成2個三角形，放入盤中，撒上糖粉，用香菜和草莓片裝飾即可。

吐司蝦球

材料：

蝦仁600克、吐司8片、洋蔥50克、馬鈴薯15克、西芹50克、蛋白1顆、蛋3顆、太白粉1大匙、麵粉約7大匙、橄欖油4小匙、胡椒鹽少許、九層塔少許

做法：

1. 蝦子洗淨後剁成泥，洋蔥、馬鈴薯和西芹切成碎。
2. 先將蝦泥、洋蔥、馬鈴薯、西芹、蛋白、太白粉、橄欖油和胡椒鹽拌勻，拌至有點筋度，即成蝦糰。
3. 將蝦糰分成每個70克的小糰，捏成圓球狀。
4. 吐司切去硬邊後切丁，蛋打散成蛋液。
5. 將蝦球放入滾水中汆燙定型，但不可過久定型即可。
6. 蝦球依麵粉、蛋液、吐司丁的順序沾裹好。
7. 準備一個170℃的油鍋，放入蝦球炸8分鐘至外表呈金黃色，瀝乾油份。九層塔利用餘油稍微炸一下。
8. 將蝦球放入盤中，撒上九層塔即可。

炸蝦托

材料：

蝦仁600克、吐司5片、洋蔥50克、馬鈴薯50克、蛋白1顆、太白粉1大匙、麵粉少許、橄欖油4小匙、胡椒鹽少許、香菜少許、綜合生菜100克、法式油醋沙拉醬1瓶

做法：

1. 蝦子洗淨後剁成泥，洋蔥、馬鈴薯切成碎。
2. 先將蝦泥、洋蔥、馬鈴薯、蛋白、太白粉、橄欖油和胡椒鹽拌勻，拌至有點筋度，即成蝦糰。
3. 吐司用圓形模壓成圓片，先沾少許的麵粉，再將蝦糰均勻舖在吐司上，放上香菜再沾粉。
4. 準備一個170°C的油鍋，放入蝦球炸3分鐘至外表呈金黃色，瀝乾油份。
5. 綜合生菜用手剝成一片片，放入冰水中冰鎮後瀝乾。
6. 取一盤子，放入生菜，再放蝦托。
7. 吃時搭配法式油醋沙拉醬即可。

月亮蝦餅

材料：

蝦仁600克、市售墨西哥薄餅1包、市售蕃茄沙沙醬1瓶、洋蔥50克、蛋白1顆、太白粉1大匙、麵粉少許、橄欖油4小匙、胡椒鹽少許、九層塔少許

做法：

1. 蝦子洗淨後剁成泥，洋蔥切成碎。
2. 先將蝦泥、洋蔥、蛋白、太白粉、橄欖油和胡椒鹽拌勻，拌至有點筋度，即成蝦漿。
3. 將蝦漿分成每個70克的小糰，捏成圓球狀。
4. 準備2張薄餅，撒上麵粉。先取一張餅均勻抹上一層蝦漿，再將另一張餅蓋上，用手壓一下，要將空氣都壓出來，即成月亮蝦餅。
5. 準備一個170°C的油鍋，放入沾上麵粉的月亮蝦餅炸10鐘至外表呈金黃色，瀝乾油份。九層塔利用餘油稍微炸一下，然後切絲。
6. 炸好的月亮蝦餅切片後放入盤中，撒上九層塔絲。
7. 吃時搭配蕃茄沙沙醬即可。

Tips

當然你也可以自己做沙沙醬，先將80c.c.的檸檬汁、8小匙橄欖油、100克蕃茄丁、10克洋蔥碎、少許辣椒碎、胡椒鹽和糖放入容器攪拌均勻即可。

Tips
記得千萬不要將法式油醋沙拉醬直接淋在生菜杯上，這樣吐司杯會濕掉，使口感變差

鮮蝦生菜杯

材料：

草蝦3尾、吐司3片、市售法式油醋沙拉醬1瓶、綜合生菜100克、蕃茄1顆

做法：

1. 吐司切去硬邊，然後擠放入一個小碗中。
2. 烤箱先以160°C上下火全開預熱5分鐘，放入吐司碗烤6分鐘定型，取出吐司，外型即成吐司杯。
3. 草蝦放入滾水燙熟，然後放入冰水泡，取出剝殼，背部劃一刀且去腸泥。
4. 在吐司杯中放入綜合生菜，續入草蝦，放蕃茄裝飾。
5. 吃時搭配法式油醋沙拉醬即可。

金華火腿

材料：

金華火腿1盒、吐司8片、綜合生菜8片、二砂50克、水50c.c.、豆腐皮適量、麵粉適量

做法：

1. 綜合生菜放入冰水中冰鎮後瀝乾。
2. 豆腐皮沾薄薄一層麵粉。
3. 準備一個170°C的油鍋，放入豆腐皮炸10鐘，瀝乾油份再切適當大小。
4. 金華火腿放入沸騰的蒸鍋中蒸約5分鐘。
5. 將二砂和水放入小鍋中煮至濃稠後放涼，即成糖汁。
6. 吐司切去硬邊，對折成長方形。
7. 將金華火腿、炸豆腐皮、生菜和糖汁放在平盤即可。

Tips
吐司可以稍微蒸熱約30秒鐘，不過記得別滴到水喔！

法式海鮮派

材料：

吐司5片、白肉魚100克、蝦仁100克、洋蔥50克、白酒少許、牛奶200c.c.、蛋2顆、胡椒鹽少許、市售蕃茄沙沙醬2大匙、綜合生菜100克、九層塔少許、檸檬汁25c.c.、橄欖油5小匙

做法：

1. 吐司、洋蔥和白肉魚切丁。
2. 將吐司、牛奶放入容器中。
3. 鍋燒熱，倒入少許油，續入洋蔥、蝦仁和白肉魚丁炒至上色，倒入白酒以小火煮至白酒收乾，再整鍋倒入牛奶吐司中，續入蛋拌勻，加入胡椒鹽調味，然後放入圓圈模中，即成派料。
4. 烤箱先以180°C上下火全開預熱5分鐘，烤盤上倒入水，放入派料隔水加熱烤約30分鐘，取出放冷。
5. 將蕃茄沙沙醬、檸檬汁、橄欖油、九層塔碎放入容器調勻，即成醬料。
6. 先將海鮮派放入深盤，再放上生菜，淋上醬料即可。

起司焗棺材板

材料：

厚片吐司1片、雞肉50克、胡蘿蔔20克、洋蔥20克、西芹20克、鮮奶油200c.c.、起司絲80克、月桂葉1片、百里香少許、巴西里少許、小茴香少許胡椒鹽少許

做法：

1. 雞肉、胡蘿蔔、洋蔥和西芹都切丁。
2. 厚片吐司中間先挖出一個四方片，使成一個有底的吐司盒，四方片要留下。
3. 鍋燒熱，倒入少許油，先放入胡蘿蔔、洋蔥和西芹炒，續入月桂葉、百里香，再加入雞肉丁炒至香，然後倒入鮮奶油和50克的起司絲使其變濃稠，最後加入少許胡椒鹽調味，即成餡料。
4. 將餡料倒入吐司盒，鋪上30克的起司絲，放入200°C的烤箱烤8分鐘，把切下來的四方片放回再一起烤1分鐘至呈金黃色。
5. 撒上巴西里和小茴香裝飾即可。

OTA-MACHI
MINAMI-ŌTA
MAESATO-CHŌ
NISHI-TOBE-MACHI

蒙布朗慕司蛋糕

材料：

吐司5片、栗子泥250克、草莓1顆、糖5大匙、蛋白3顆、蛋黃3顆、鮮奶油250c.c.、吉利丁8片、白蘭地50c.c.、牛奶200c.c.、薄荷葉少許

做法：

1. 將吐司、牛奶放入鋼盆中。
2. 另取一鋼盆，先放入蛋黃和一半的糖，邊隔水加熱邊打至變成乳白色，待溫度快達65°C時，加入用冰水泡軟後的吉利丁打勻，續入栗子泥再打均勻，即成栗子糊。
3. 另取一鋼盆，倒入鮮奶油打發，再和栗子糊拌勻，即成鮮奶栗子糊。
4. 另取一鋼盆，倒入蛋白和另一半的糖打發，再和鮮奶栗子糊拌勻。
5. 鮮奶栗子糊中加入白蘭地拌勻，先倒四分之一量的鮮奶栗子糊入慕司模中，續入吐司，再倒入四分之一量的鮮奶栗子糊，重複動作至材料全部倒入，即成慕司，一半的慕司留下，其餘放入冰箱冷藏30分鐘後取出。
6. 將留下來的慕司放入塑膠袋中，袋子剪一個小洞,將慕司細條擠在慕司上，再放上草莓片、薄荷葉做裝飾即可。

手工金莎巧克力

材料：

苦甜巧克力500克、吐司3片、核桃10顆、牛奶100c.c.

做法：

1. 核桃5顆切片，另外5顆切碎。
2. 吐司切去硬邊後切丁。
3. 將吐司丁、核桃碎和苦甜巧克力放入鋼盆中隔水加熱，即成巧克力餡料。
4. 將三分之一量的巧克力餡料保存在鋼盆中，放在熱水上保持溫度，避免巧克力變硬。
5. 另外三分之二量的巧克力餡料放入容器中，加入沸騰的牛奶後拌勻，待涼後做成每個約50克的巧克力球，放在蒸網上。
6. 將留下來的巧克力餡料淋在巧克力球上即可。
7. 將核桃片撒在巧克力球上，放入冰箱冷藏約30分鐘即可。

Tips

融化巧克力最好的方法是隔水加熱，就是先將巧克力料放入稍小點的鋼盆中，再準備稍大點的鋼盆，其中加入水，放在爐火上，而稍小點的鋼盆則隔著水放在大鋼盆中，絕不能直接將裝了巧克力餡料的鋼盆放在爐火上加熱。

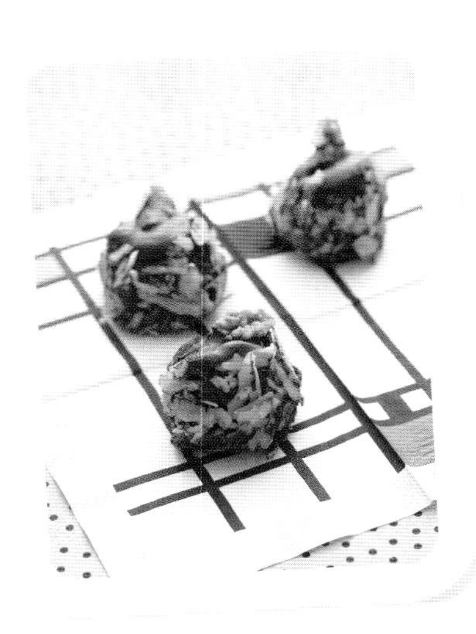

提拉米蘇

材料：

吐司8片、馬斯卡彭起司（mascarpone cheese）1盒（約500克）、糖5大匙、蛋白3顆、蛋黃3顆、鮮奶油250c.c.、吉利丁6片、卡魯哇酒（Kahlua）50c.c.、牛奶200c.c.、可可粉少許、草莓1顆、薄荷葉少許

做法：

1. 吐司用圓形模壓成圓片。
2. 將吐司、牛奶放入鋼盆中。
3. 另取一鋼盆，先放入蛋黃和一半的糖邊隔水加熱邊打至變成乳白色，待溫度快65℃時，加入用冰水泡軟後的吉利丁打勻，續入馬斯卡彭起司再打均勻，即成起司糊。
4. 另取一鋼盆，倒入鮮奶油打發，再和起司糊拌勻，即成起司鮮奶糊。
5. 另取一鋼盆，倒入蛋白和另一半的糖打發，再和起司鮮奶糊拌勻。
6. 加入卡魯哇酒拌勻，先倒四分之一量的起司鮮奶糊到模型中，再放入吐司，重複動作至材料全部放入，放入冰箱冷藏約30分鐘後取出脫模，撒可可粉，再以草莓片、薄荷葉裝飾即可。

紅豆銅鑼燒

材料：

吐司5片、市售紅豆泥1包、蛋黃1顆、麵粉少許、奶油少許、草莓1顆、薄荷葉少許

做法：

1. 吐司用圓形模壓成圓片，先沾少許麵粉，再將紅豆泥均勻鋪在吐司上，再蓋上另一片沾麵粉的吐司，即成銅鑼燒。
2. 蛋黃與少許水調成蛋黃液，然後塗抹在銅鑼燒的兩面。
3. 平底鍋燒熱，倒入少許奶油，續入銅鑼燒兩面煎至呈金黃色。
4. 將銅鑼燒放入盤中，以草莓片、薄荷葉裝飾即可。

夏威夷厚片披薩

材料：

厚片吐司1片、市售披薩紅醬少許、鳳梨片適量、火腿2片、起司絲少許、巴西里少許、九層塔5片、奧勒岡少許、小茴香少許

做法：

1. 九層塔切碎，鳳梨片切成適當大小，火腿切丁。
2. 厚片吐司均勻抹上一層披薩紅醬，續入鳳梨片、火腿，撒上九層塔碎和奧勒岡，再放一些起司絲。
3. 烤箱先以200°C上下火全開預熱5分鐘，放入夏威夷厚片披薩烤10分鐘，取出後趁熱再撒些巴西里和小茴香裝飾即可。

野菇彩椒披薩

材料：

綜合菇120克、市售墨西哥薄餅2塊、紅、黃、青椒各30克、市售披薩紅醬少許、起司絲50克、奧勒岡少許、九層塔少許、巴西里少許

做法：

1. 綜合菇切片，紅、黃、青椒切片，九層塔切絲。
2. 鍋燒熱，倒入少許油，續入綜合菇以大火炒過。紅、黃、青椒則需炸過。
3. 準備墨西哥薄餅，先均勻抹上一層披薩紅醬，續入綜合菇和紅、黃、青椒，撒些奧勒岡和九層塔，放上起司絲。
4. 烤箱先以270˚C上下火全開預熱5分鐘，放入野菇彩椒披薩烤3分鐘至上色，取出後趁熱再撒些巴西里即可。

普羅旺斯薄披薩

材料：

市售墨西哥薄餅2塊、市售披薩紅醬1瓶、起司絲50克、普羅旺斯香料少許、九層塔少許、巴西里少許

做法：

1. 九層塔切絲。
2. 準備墨西哥薄餅，先均勻抹上一層披薩紅醬，續入普羅旺斯香料、九層塔碎，放上起司絲。
3. 烤箱先以270°C上下火全開預熱5分鐘，放入薄披薩烤3分鐘至上色，取出後趁熱再撒些巴西里即可。

Tips

普羅旺斯香料是以法國普羅旺斯省特有的香料調配而成，是一種綜合香料，適合用在做肉類料理、披薩上，用途很廣，在頂好超市，或者大一點的超市買得到。

CLASSICO
OLIO
EXTRA
VERGINE

炸雞肉吐司餃

材料：

吐司4片、雞絞肉600克、洋蔥50克、西芹50克、綜合生菜100克、九層塔少許、起司絲少許、蛋白1顆、太白粉1大匙、橄欖油4小匙、胡椒鹽少許、義式油醋沙拉醬4大匙

做法：

1. 洋蔥、西芹和九層塔切成碎。
2. 綜合生菜用手剝成一片片，放入冰水中冰鎮後瀝乾。
3. 鍋燒熱，倒入少許油，續入雞絞肉和洋蔥炒香，加入蛋白、太白粉、橄欖油、西芹、九層塔和起司絲拌勻，再用胡椒鹽調味，即成餡料。
4. 吐司切去硬邊。準備一碗水與麵粉比例是1：2的麵粉水。
5. 將餡料放入吐司中，用麵粉水塗在吐司4個邊緣，對角黏起來成三角形餃子狀，放入170℃的油鍋炸5分鐘至外表呈金黃色，瀝乾油份，即成吐司餃。
6. 將生菜放在盤中，續入吐司餃，淋上義式油醋沙拉醬即可。

Tips
因為吐司容易吸油，所以炸好的起司餃在瀝乾油份時需花較多的時間。

炸披薩起司餃

材料：

雞絞肉600克、洋蔥50克、西芹50克、綜合生菜100克、九層塔少許、起司絲少許、蛋白1顆、太白粉1大匙、橄欖油4小匙、胡椒鹽少許、義式油醋沙拉醬4大匙

披薩皮材料：

中筋麵粉500克、蛋1顆、胡椒鹽少許、乾發酵粉1大匙、橄欖油7小匙、水220c.c.

做法：

1. 將披薩皮的材料充分混合在一起，揉至光滑並發酵1小時，然後再揉至空氣跑出來，製成圓形，即成披薩麵糰。
2. 洋蔥、西芹和九層塔切成碎。
3. 綜合生菜用手剝成一片片，放入冰水中冰鎮後瀝乾。
4. 鍋燒熱，倒入少許油，續入雞絞肉和洋蔥炒香離火，加入蛋白、太白粉、橄欖油、西芹、九層塔和起司絲拌勻，再用胡椒鹽調味，即成餡料。
5. 將餡料放入披薩皮中，包起成義大利餃的形狀，放入180°C的油鍋炸5分鐘至外表呈金黃色，瀝乾油份，即成披薩餃。
6. 將生菜放在盤中，續入披薩餃，淋上義式油醋沙拉醬即可。

Tips　簡單義大利餃的做法：先將披薩麵糰擀成0.3公分厚，用圓形模壓成圓片，將餡料放在圓片的中間，對折成半圓形，再將圓形兩角黏接在一起成花瓣形即可。

國家圖書館出版品預行編目資料
吐司、披薩變變變：
超簡單的創意點心大集合／Grace．Ellson著.
--初版.--臺北市：朱雀文化，2005
〔民94〕112面；公分(COOK50；62)
ISBN 986-7544-52-8(平裝)
1.食譜-點心 2.食譜-速食
427.16　94014932

吐司、披薩變變變 超簡單的創意點心大集合

COOK50062

作者 Ellson & Grace　攝影 廖家威　人物攝影 張緯宇　編輯 彭文怡　校對 曾曉玲
美術編輯 鄧宜琨　企畫統籌 李 橘　發行人 莫少閒　出版者 朱雀文化事業有限公司
地址 台北市基隆路二段13-1號3樓　電話 (02)2345-3868　傳真 (02)2345-3828
劃撥帳號 19234566 朱雀文化事業有限公司　e-mail redbook@ms26.hinet.net
網　址 http://redbook.com.tw　總經銷 展智文化事業股份有限公司
ISBN 986-7544-52-8　初版一刷 2005.09.01
定　價 280元　出版登記 北市業字第1403號

About買書：

●朱雀文化圖書在北中南各書店及誠品、金石堂、何嘉仁等連鎖書店均有販售，如欲購買本公司圖書，建議你直接詢問書店店員，如果書店已售完，請撥本公司經銷商北中南區服務專線洽詢。北區（02）2250-1031 中區（04）2312-5048 南區（07）349-7445

●●上博客來網路書店購書（http://www.books.com.tw），可在全省7-ELEVEN取貨付款。

●●●至郵局劃撥（戶名：朱雀文化事業有限公司，帳號：19234566），
掛號寄書不加郵資，4本以下無折扣，5～9本95折，10本以上9折優惠。

●●●●親自至朱雀文化買書可享9折優惠。

總經銷
大和書報圖書股份有限公司

地址：新北市新莊區五工五路2號
電話：(02)8990-2588
傳真：(02)2290-1628
網址：http://www.dai-ho.com.tw